Dieser
Wochenplaner gehört:

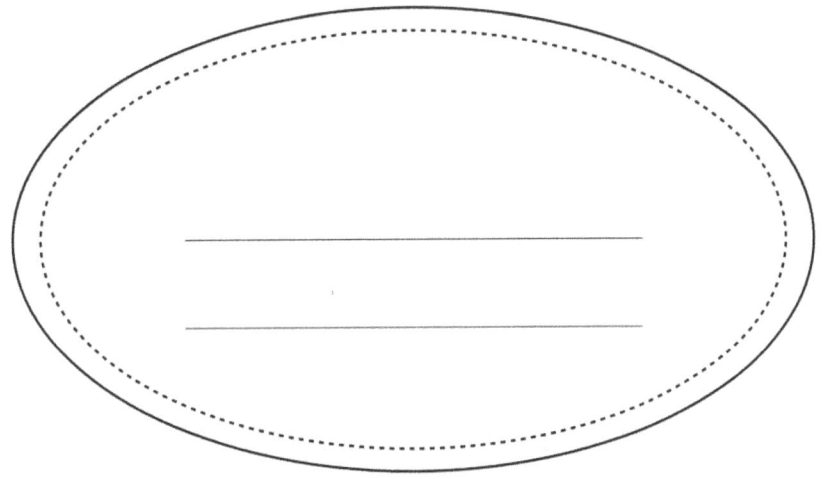

Woche vom _____ bis _____   KW: _____

Montag

Dienstag

Mittwoch

Donnerstag

Freitag

Samstag

Sonntag

Woche vom _____ bis _____   KW: _____

Montag
_____
_____
_____
_____

Dienstag
_____
_____
_____
_____

Mittwoch
_____
_____
_____
_____

Donnerstag
_____
_____
_____
_____

Freitag
_____
_____
_____
_____

Samstag
_____
_____
_____
_____

Sonntag
_____
_____
_____
_____

Woche vom _____ bis _____   KW:_____

Montag
_____
_____
_____
_____

Dienstag
_____
_____
_____
_____

Mittwoch
_____
_____
_____
_____

Donnerstag
_____
_____
_____
_____

Freitag
_____
_____
_____
_____

Samstag
_____
_____
_____
_____

Sonntag
_____
_____
_____
_____

Woche vom _____ bis _____   KW: _____

Montag

Dienstag

Mittwoch

Donnerstag

Freitag

Samstag

Sonntag

Woche vom _____ bis _____   KW: _____

Montag

Dienstag

Mittwoch

Donnerstag

Freitag

Samstag

Sonntag

Woche vom _____ bis _____   KW: _____

Montag

Dienstag

Mittwoch

Donnerstag

Freitag

Samstag

Sonntag

Woche vom _____ bis _____   KW: _____

Montag

Dienstag

Mittwoch

Donnerstag

Freitag

Samstag

Sonntag

Woche vom _____ bis _____   KW: _____

Montag

Dienstag

Mittwoch

Donnerstag

Freitag

Samstag

Sonntag

Woche vom _____ bis _____   KW: _____

Montag

Dienstag

Mittwoch

Donnerstag

Freitag

Samstag

Sonntag

Woche vom _____ bis _____   KW: ____

Montag
_____
_____
_____
_____

Dienstag
_____
_____
_____
_____

Mittwoch
_____
_____
_____
_____

Donnerstag
_____
_____
_____
_____

Freitag
_____
_____
_____
_____

Samstag
_____
_____
_____
_____

Sonntag
_____
_____
_____
_____

Woche vom _____ bis _____   KW: _____

Montag
_____
_____
_____
_____

Dienstag
_____
_____
_____
_____

Mittwoch
_____
_____
_____
_____

Donnerstag
_____
_____
_____
_____

Freitag
_____
_____
_____
_____

Samstag
_____
_____
_____
_____

Sonntag
_____
_____
_____
_____

Woche vom _____ bis _____   KW: _____

Montag

Dienstag

Mittwoch

Donnerstag

Freitag

Samstag

Sonntag

Woche vom _____ bis _____   KW: _____

Montag
_____
_____
_____
_____

Dienstag
_____
_____
_____
_____

Mittwoch
_____
_____
_____
_____

Donnerstag
_____
_____
_____
_____

Freitag
_____
_____
_____
_____

Samstag
_____
_____
_____
_____

Sonntag
_____
_____
_____
_____

Woche vom _____ bis _____   KW: _____

Montag

Dienstag

Mittwoch

Donnerstag

Freitag

Samstag

Sonntag

Woche vom _____ bis _____   KW: _____

Montag

Dienstag

Mittwoch

Donnerstag

Freitag

Samstag

Sonntag

Woche vom _____ bis _____   KW: _____

Montag

Dienstag

Mittwoch

Donnerstag

Freitag

Samstag

Sonntag

Woche vom _____ bis _____   KW: ____

Montag
_____
_____
_____
_____

Dienstag
_____
_____
_____
_____

Mittwoch
_____
_____
_____
_____

Donnerstag
_____
_____
_____
_____

Freitag
_____
_____
_____
_____

Samstag
_____
_____
_____
_____

Sonntag
_____
_____
_____
_____

Woche vom _____ bis _____   KW: _____

Montag

Dienstag

Mittwoch

Donnerstag

Freitag

Samstag

Sonntag

Woche vom _____ bis _____   KW: _____

Montag

Dienstag

Mittwoch

Donnerstag

Freitag

Samstag

Sonntag

Woche vom _____ bis _____   KW: _____

Montag
_____
_____
_____
_____

Dienstag
_____
_____
_____
_____

Mittwoch
_____
_____
_____
_____

Donnerstag
_____
_____
_____
_____

Freitag
_____
_____
_____
_____

Samstag
_____
_____
_____
_____

Sonntag
_____
_____
_____
_____

Woche vom _____ bis _____   KW: ____

Montag

Dienstag

Mittwoch

Donnerstag

Freitag

Samstag

Sonntag

Woche vom _____ bis _____   KW: ____

Montag

Dienstag

Mittwoch

Donnerstag

Freitag

Samstag

Sonntag

Woche vom _____ bis _____   KW: _____

Montag
_____
_____
_____
_____

Dienstag
_____
_____
_____
_____

Mittwoch
_____
_____
_____
_____

Donnerstag
_____
_____
_____
_____

Freitag
_____
_____
_____
_____

Samstag
_____
_____
_____
_____

Sonntag
_____
_____
_____
_____

Woche vom _____ bis _____   KW: _____

Montag

Dienstag

Mittwoch

Donnerstag

Freitag

Samstag

Sonntag

Woche vom _____ bis _____   KW: ____

Montag

Dienstag

Mittwoch

Donnerstag

Freitag

Samstag

Sonntag

Woche vom _____ bis _____   KW: _____

Montag

Dienstag

Mittwoch

Donnerstag

Freitag

Samstag

Sonntag

Woche vom _____ bis _____   KW:_____

Montag
_____
_____
_____
_____

Dienstag
_____
_____
_____
_____

Mittwoch
_____
_____
_____
_____

Donnerstag
_____
_____
_____
_____

Freitag
_____
_____
_____
_____

Samstag
_____
_____
_____
_____

Sonntag
_____
_____
_____
_____

Woche vom _____ bis _____   KW: _____

Montag

Dienstag

Mittwoch

Donnerstag

Freitag

Samstag

Sonntag

Woche vom _____ bis _____   KW: _____

Montag
_____
_____
_____

Dienstag
_____
_____
_____

Mittwoch
_____
_____
_____

Donnerstag
_____
_____
_____

Freitag
_____
_____
_____

Samstag
_____
_____
_____

Sonntag
_____
_____
_____

Woche vom _____ bis _____   KW: _____

Montag
_____
_____
_____
_____

Dienstag
_____
_____
_____
_____

Mittwoch
_____
_____
_____
_____

Donnerstag
_____
_____
_____
_____

Freitag
_____
_____
_____
_____

Samstag
_____
_____
_____
_____

Sonntag
_____
_____
_____
_____

Woche vom _____ bis _____   KW: _____

Montag

Dienstag

Mittwoch

Donnerstag

Freitag

Samstag

Sonntag

Woche vom _____ bis _____   KW:_____

Montag

_____
_____
_____
_____

Dienstag

_____
_____
_____
_____

Mittwoch

_____
_____
_____
_____

Donnerstag

_____
_____
_____
_____

Freitag

_____
_____
_____
_____

Samstag

_____
_____
_____
_____

Sonntag

_____
_____
_____
_____

Woche vom _____ bis _____   KW: _____

Montag
_____
_____
_____
_____

Dienstag
_____
_____
_____
_____

Mittwoch
_____
_____
_____
_____

Donnerstag
_____
_____
_____
_____

Freitag
_____
_____
_____
_____

Samstag
_____
_____
_____
_____

Sonntag
_____
_____
_____
_____

Woche vom _____ bis _____   KW: _____

Montag

Dienstag

Mittwoch

Donnerstag

Freitag

Samstag

Sonntag

Woche vom _____ bis _____   KW: _____

Montag
_____
_____
_____
_____

Dienstag
_____
_____
_____
_____

Mittwoch
_____
_____
_____
_____

Donnerstag
_____
_____
_____
_____

Freitag
_____
_____
_____
_____

Samstag
_____
_____
_____
_____

Sonntag
_____
_____
_____
_____

Woche vom _____ bis _____   KW:_____

Montag
_____
_____
_____
_____

Dienstag
_____
_____
_____
_____

Mittwoch
_____
_____
_____
_____

Donnerstag
_____
_____
_____
_____

Freitag
_____
_____
_____
_____

Samstag
_____
_____
_____

Sonntag
_____
_____
_____

Woche vom _____ bis _____ KW: _____

Montag

Dienstag

Mittwoch

Donnerstag

Freitag

Samstag

Sonntag

Woche vom _____ bis _____   KW: _____

Montag

Dienstag

Mittwoch

Donnerstag

Freitag

Samstag

Sonntag

Woche vom _____ bis _____   KW: _____

Montag

Dienstag

Mittwoch

Donnerstag

Freitag

Samstag

Sonntag

Woche vom _____ bis _____   KW: _____

Montag
_____
_____
_____

Dienstag
_____
_____
_____
_____

Mittwoch
_____
_____
_____

Donnerstag
_____
_____
_____

Freitag
_____
_____
_____

Samstag
_____
_____
_____

Sonntag
_____
_____
_____

Woche vom _____ bis _____   KW: _____

Montag
_____
_____
_____
_____

Dienstag
_____
_____
_____
_____

Mittwoch
_____
_____
_____
_____

Donnerstag
_____
_____
_____
_____

Freitag
_____
_____
_____
_____

Samstag
_____
_____
_____
_____

Sonntag
_____
_____
_____
_____

Woche vom _____ bis _____   KW: _____

Montag

Dienstag

Mittwoch

Donnerstag

Freitag

Samstag

Sonntag

Woche vom _____ bis _____   KW: _____

Montag

Dienstag

Mittwoch

Donnerstag

Freitag

Samstag

Sonntag

Woche vom _____ bis _____   KW: _____

Montag

Dienstag

Mittwoch

Donnerstag

Freitag

Samstag

Sonntag

Woche vom _____ bis _____   KW: _____

Montag

Dienstag

Mittwoch

Donnerstag

Freitag

Samstag

Sonntag

Woche vom _____ bis _____   KW: _____

Montag

Dienstag

Mittwoch

Donnerstag

Freitag

Samstag

Sonntag

Woche vom _____ bis _____   KW: _____

Montag

Dienstag

Mittwoch

Donnerstag

Freitag

Samstag

Sonntag

Woche vom _____ bis _____   KW: _____

Montag

Dienstag

Mittwoch

Donnerstag

Freitag

Samstag

Sonntag

Woche vom _____ bis _____   KW: _____

Montag
_____
_____
_____
_____

Dienstag
_____
_____
_____
_____

Mittwoch
_____
_____
_____
_____

Donnerstag
_____
_____
_____
_____

Freitag
_____
_____
_____
_____

Samstag
_____
_____
_____
_____

Sonntag
_____
_____
_____
_____

Woche vom _____ bis _____   KW: _____

Montag

Dienstag

Mittwoch

Donnerstag

Freitag

Samstag

Sonntag

Woche vom _____ bis _____   KW: _____

Montag

Dienstag

Mittwoch

Donnerstag

Freitag

Samstag

Sonntag

Woche vom _____ bis _____   KW: _____

Montag

Dienstag

Mittwoch

Donnerstag

Freitag

Samstag

Sonntag

Woche vom _____ bis _____   KW: _____

Montag
_____
_____
_____
_____

Dienstag
_____
_____
_____
_____

Mittwoch
_____
_____
_____
_____

Donnerstag
_____
_____
_____
_____

Freitag
_____
_____
_____
_____

Samstag
_____
_____
_____
_____

Sonntag
_____
_____
_____
_____

Kontakt: Alexander Franz / Rottendorfer Str. 57a/
97070 Würzburg
synovate@gmx.de
Coverfoto: pixabay.de
Covergestaltung: Alexander Franz

www.ingramcontent.com/pod-product-compliance
Lightning Source LLC
Chambersburg PA
CBHW072153170526
45158CB00004BA/1629